Anoja Kurian

Desvendando os segredos da natureza: Uma viagem através do código de barras de ADN

Anoja Kurian

Desvendando os segredos da natureza: Uma viagem através do código de barras de ADN

ScienciaScripts

Imprint

Cover image: www.ingimage.com

This book is a translation from the original published under ISBN 978-620-7-65023-1.

Publisher:
Sciencia Scripts
is a trademark of
Dodo Books Indian Ocean Ltd. and OmniScriptum S.R.L publishing group

120 High Road, East Finchley, London, N2 9ED, United Kingdom
Str. Armeneasca 28/1, office 1, Chisinau MD-2012, Republic of Moldova, Europe
Printed at: see last page
ISBN: 978-620-7-68625-4

Índice

INTRODUÇÃO

Todas as formas de vida na Terra existem devido ao processo contínuo de evolução. Esta viagem remonta a cerca de 4 mil milhões de anos, começando com o aparecimento de organismos unicelulares e progredindo através da evolução de formas de vida multicelulares. Ao longo do tempo, esta trajetória evolutiva conduziu à notável diversidade de vida que hoje se observa. A inovadora teoria evolutiva de Charles Darwin, exposta na sua obra seminal "Sobre a Origem das Espécies" em 1859, revolucionou a nossa compreensão do desenvolvimento da vida e influenciou profundamente a sua aplicação na classificação dos grupos de plantas e animais.

A sistemática, tal como definida por Mayr em 1969, engloba a exploração científica da diversidade dos organismos, abrangendo a sua classificação, origens, percursos evolutivos, diversidade e distribuição geográfica. Este domínio interdisciplinar baseia-se numa síntese de conhecimentos morfológicos, genéticos e evolutivos sobre os organismos, abrangendo tanto a taxonomia como a filogenia. Tradicionalmente, a filogenética, o ramo da sistemática que se ocupa da reconstrução das relações evolutivas entre as espécies, baseava-se principalmente em características morfológicas. No entanto, as análises filogenéticas contemporâneas expandiram-se para incorporar dados genéticos, tais como sequências de ADN ou de proteínas, juntamente com características morfológicas. Esta abordagem integrativa reconhece que espécies morfologicamente semelhantes podem não estar necessariamente intimamente relacionadas geneticamente. Ao combinar dados morfológicos e genéticos, os investigadores pretendem obter uma compreensão mais abrangente de taxa complexos e enigmáticos. As reconstruções filogenéticas dependem da identificação exacta das espécies, que é cada vez mais apoiada por dados moleculares. Do mesmo modo, a taxonomia, uma componente fundamental da sistemática, envolve a descrição meticulosa, a atribuição de nomes e a classificação dos organismos. A categorização taxonómica baseia-se num conjunto diversificado de dados de observação, incluindo morfologia, comportamento, genética e características bioquímicas, para delinear espécies distintas.

O conceito de espécie biológica define espécies como grupos de populações que se cruzam naturalmente e que estão reprodutivamente isoladas de outros grupos semelhantes. No entanto, apesar da sua proeminência, este conceito é apenas uma entre muitas definições propostas de "espécie". Ao longo do tempo, foram surgindo vários conceitos alternativos de espécie, cada um com os seus próprios méritos e limitações, o que levou a uma confusão e debate contínuos sobre a delimitação de espécies. Diferentes grupos de biólogos defendem diferentes conceitos de espécies, o que complica ainda mais a questão e realça a ambiguidade inerente à delimitação de espécies. Mesmo após a compilação de vinte e quatro conceitos de espécies por Mayden em 1997, continuam a surgir outras definições alternativas, o que reflecte a complexidade da questão. A diversidade de conceitos de espécies resulta frequentemente em conclusões contraditórias relativamente ao número de espécies presentes e aos seus limites. Consequentemente, o problema do conceito de espécie está intrinsecamente ligado ao desafio da delimitação das espécies. Os organismos podem apresentar semelhanças mas pertencer a espécies distintas ou, pelo contrário, podem parecer diferentes mas pertencer à mesma espécie. Além disso, dentro de uma mesma espécie, a variabilidade das características pode complicar os esforços para definir as fronteiras das espécies com base em dados observados. Consequentemente, a determinação das fronteiras das espécies a partir de observações empíricas é frequentemente uma tarefa difícil, que exige uma análise cuidadosa de múltiplos factores e que resulta frequentemente em debates e revisões contínuas.

Nos últimos dois séculos e meio, os taxonomistas identificaram formalmente cerca de 1,78 milhões de espécies de plantas, animais e microorganismos. No entanto, este número é insignificante quando comparado com o número total estimado de espécies na Terra, que se crê ser superior a 30 milhões. Esta grande disparidade sublinha a necessidade premente de lidar com as complexidades inerentes ao conceito de espécie, um desafio que exige uma atenção significativa.

Confiar apenas nas características morfológicas para a identificação de espécies apresenta obstáculos consideráveis, particularmente nos casos em que os organismos apresentam uma plasticidade ambiental extrema ou homoplasia. A plasticidade ambiental refere-se à capacidade dos organismos para se adaptarem a diversas condições ambientais, resultando frequentemente em variações nos seus traços físicos que podem confundir os métodos de identificação tradicionais. A homoplasia, por outro lado, refere-se ao fenómeno em que diferentes espécies desenvolvem independentemente características semelhantes, levando a semelhanças superficiais que podem obscurecer as verdadeiras relações evolutivas. Tendo em conta estes desafios, torna-se cada vez mais problemático delinear com precisão as fronteiras das espécies com base apenas em características morfológicas.

A nomenclatura das espécies pode tornar-se confusa, especialmente quando a distribuição de uma espécie abrange vários grupos linguísticos e culturais. Os termos gerais abrangem frequentemente uma vasta gama de espécies, reflectindo várias nuances linguísticas, culturais ou de desenvolvimento. Por exemplo, o termo "canas" é comummente utilizado para designar um conjunto diversificado de espécies. No entanto, esta categorização alargada pode ocultar as identidades distintas e os papéis ecológicos de cada espécie dentro do grupo. Apesar da sua conveniência, os termos gerais podem ocultar diferenças importantes na morfologia, comportamento ou função ecológica entre espécies.

No contexto das canas, a utilização de termos gerais coloca desafios à identificação e classificação exactas das espécies. A gama diversificada de espécies de rotim englobadas por esses termos pode apresentar variações significativas em características como o hábito de crescimento, a morfologia das folhas ou as exigências ecológicas. Consequentemente, confiar apenas em termos gerais pode dificultar os esforços para desenvolver estratégias de conservação adaptadas ou práticas de gestão sustentável para espécies específicas de rotim. Para além disso, os termos gerais podem obscurecer a importância comercial de espécies individuais dentro do grupo das rotimãs. Ao agrupar espécies distintas sob um único termo geral, o valor económico único ou a utilidade de certas espécies podem ser negligenciados, levando potencialmente à perda de oportunidades de utilização sustentável ou de gestão de recursos.

No domínio da biologia marinha, o termo "corais" é frequentemente utilizado como um termo genérico para designar um conjunto diversificado de organismos pertencentes ao filo Cnidaria. Embora este termo seja conveniente para discussões gerais, não consegue captar a vasta diversidade e o significado ecológico de cada espécie de coral. Dentro da ampla categoria de "corais", existe uma multiplicidade de espécies com morfologias, formas de crescimento e papéis ecológicos variados. Por exemplo, alguns corais formam estruturas de recife maciças que proporcionam um habitat crítico para numerosas espécies marinhas, enquanto outros exibem formas de crescimento ramificadas ou incrustantes. Além disso, as espécies de coral podem diferir nas suas relações simbióticas com as algas, na sua suscetibilidade a factores de stress ambiental e na sua contribuição para o funcionamento do ecossistema.

No mundo da botânica, o termo "gramíneas" é frequentemente utilizado como um termo genérico para englobar uma vasta gama de espécies de plantas pertencentes à família Poaceae. Embora seja conveniente para discussões gerais, este termo não tem em conta a diversidade de espécies de gramíneas com diferentes hábitos de crescimento, nichos ecológicos e utilizações económicas. Do mesmo modo, no reino animal, o termo "aves" é geralmente utilizado como termo genérico para designar as espécies de aves de vários taxa. No entanto, este termo não consegue captar a rica diversidade de espécies de aves, que variam muito em tamanho, preferência de habitat, comportamento migratório e papéis ecológicos. No domínio dos fungos, o termo "cogumelos" serve para designar várias espécies de fungos com corpos de frutificação. No entanto, dentro desta categoria, existe uma multiplicidade de taxa fúngicos, cada um com a sua morfologia única, interacções ecológicas e utilizações medicinais ou culinárias. Além disso, no domínio da vida marinha, o termo "peixe" é frequentemente utilizado como um termo genérico para designar os vertebrados aquáticos. No entanto, este termo engloba um vasto leque de espécies que abrangem diversos habitats, comportamentos e linhagens evolutivas, desde os minúsculos gobies que habitam os recifes até aos enormes atuns que percorrem o oceano.

Embora os termos gerais forneçam uma abreviação conveniente para discutir categorias amplas de organismos, eles podem obscurecer distinções importantes entre espécies, dificultando os esforços para entender e conservar a biodiversidade de forma eficaz. Por conseguinte, é essencial reconhecer e apreciar a diversidade abrangida por estes termos gerais e empregar uma linguagem mais precisa ao discutir taxa específicos e os seus papéis ecológicos. A abordagem da dependência de termos genéricos na taxonomia exige um esforço concertado para melhorar a identificação e classificação ao nível das espécies. Através da utilização de ferramentas moleculares e de métodos taxonómicos rigorosos, os investigadores podem desvendar as complexidades inerentes à biodiversidade e estabelecer uma compreensão mais matizada dos limites das espécies e dos papéis ecológicos. Esta abordagem não só promove uma identificação mais exacta das espécies, como também facilita esforços de conservação orientados e práticas de gestão sustentável adaptadas às necessidades específicas de cada espécie.

Consequentemente, reconhece-se cada vez mais a necessidade de complementar as abordagens morfológicas tradicionais com técnicas moleculares, para melhorar a identificação e a classificação das espécies. Ao integrar dados moleculares com observações morfológicas, os investigadores podem obter uma compreensão mais abrangente da diversidade das espécies e das relações evolutivas, avançando assim no nosso conhecimento do mundo natural.

A abundância de bases de dados de sequências de ADN facilita as comparações entre uma vasta gama de organismos, proporcionando aos investigadores conhecimentos inestimáveis sobre as relações evolutivas e facilitando classificações taxonómicas mais precisas. Os dados moleculares, sendo passíveis de modelização estatística, oferecem um quadro robusto para a compreensão das mudanças evolutivas e permitem a identificação precisa das espécies, abordando assim as complexidades taxonómicas dentro de vários grupos. Dadas estas vantagens, têm sido exploradas numerosas abordagens moleculares para resolver desafios taxonómicos, surgindo o código de barras de ADN como uma ferramenta particularmente promissora a este respeito.

BARCODAGEM DE ADN

O advento dos dados de sequências de nucleótidos de ADN despertou um interesse crescente nas análises sistemáticas moleculares, oferecendo uma via promissora para a identificação e classificação precisas em vários grupos taxonómicos. Em particular, a classificação dos géneros beneficiou significativamente destes avanços. Desde a proposta pioneira de Paul Hebert de código de barras de ADN para a identificação de organismos, esta técnica ganhou um reconhecimento generalizado, especialmente no domínio da identificação de espécies vegetais. A procura de um código de barras de ADN ideal persiste, impulsionada pela aspiração de uma melhor discriminação e identificação de espécies utilizando segmentos de ADN concisos, caracterizados por elevadas taxas de recuperação e universalidade. O código de barras de ADN é uma técnica molecular para a identificação rápida, exacta e automatizada de espécies, utilizando sequências de ADN normalizadas, designadas por códigos de barras de ADN, que permite uma identificação de espécies económica. Esta exploração introdutória prepara o terreno para aprofundar o significado e as implicações do código de barras de ADN na investigação biológica contemporânea.

O princípio fundamental subjacente ao código de barras de ADN reside na sua capacidade de identificar inequivocamente um organismo ao nível da espécie, comparando a sua sequência individual de ADN com uma biblioteca de referência de tais sequências. Esta analogia é semelhante ao funcionamento de um scanner de supermercado, que utiliza as riscas pretas de um código de barras UPC para identificar um artigo no seu inventário através da referência a uma base de dados. Os "códigos de barras" de ADN servem vários propósitos, incluindo a identificação de espécies desconhecidas ou de partes específicas de um organismo, a catalogação exaustiva de taxa e a comparação com métodos taxonómicos tradicionais para elucidar os limites das espécies.

A utilização de códigos de barras de ADN permite aos investigadores identificar espécies de forma rápida e precisa, comparando as suas assinaturas genéticas com as armazenadas em bases de dados de referência. Este método permite a identificação de espécies mesmo quando as características morfológicas tradicionais são ambíguas ou não estão disponíveis. À semelhança do modo como um scanner de supermercado faz corresponder rapidamente um artigo à entrada correspondente na base de dados, o código de barras de ADN facilita a identificação rápida e fiável de organismos com base na sua informação genética.

Além disso, os códigos de barras de ADN são utilizados não só para identificar espécies conhecidas, mas também para descobrir novas espécies. Ao catalogar o maior número possível de taxa, os investigadores podem descobrir espécies anteriormente não reconhecidas e contribuir para a nossa compreensão da biodiversidade global. Além disso, o código de barras de ADN pode complementar as abordagens taxonómicas tradicionais, fornecendo provas moleculares para apoiar a delimitação de espécies e aperfeiçoar as classificações taxonómicas existentes. Através de análises comparativas com a taxonomia tradicional, o código de barras de ADN ajuda a clarificar os limites das espécies e a resolver incertezas taxonómicas, melhorando, em última análise, o nosso conhecimento da diversidade e evolução das espécies.

Em 2003, Paul D.N. Hebert e os seus colegas da Universidade de Guelph, Ontário, Canadá, propuseram os métodos e a terminologia específicos para o código de barras de ADN no seu artigo inovador. Esta abordagem normalizada tinha como objetivo identificar espécies e potencialmente atribuir sequências desconhecidas a taxa superiores, como ordens e filos. Hebert e a sua equipa destacaram a eficácia do gene da citocromo c oxidase I (COI), que foi utilizado pela primeira vez por Folmer et al. em 1994. Utilizando iniciadores de ADN publicados, demonstraram a utilidade do gene COI como ferramenta para efetuar análises filogenéticas ao nível das espécies, particularmente para invertebrados metazoários. Os padrões distintos de variação do gene COI ao nível do ADN tornam-no adequado para a distinção entre taxa. A sua relativa facilidade de obtenção de sequências, combinada com a sua variabilidade e conservação entre espécies, oferece inúmeras vantagens. Hebert e os seus colegas cunharam o termo "códigos de barras" para descrever estes perfis e imaginaram o desenvolvimento de uma base de dados COI que pudesse servir de alicerce a um sistema universal de bio-identificação.

O gene da citocromo c oxidase I (CO1), uma sequência de ADN mitocondrial (ADNmt), tem sido amplamente reconhecido como um código de barras eficaz para a identificação de espécies em vários grupos animais, como demonstrado por Hebert et al. em 2003. O ADN mitocondrial (ADNmt) apresenta várias vantagens em relação ao ADN nuclear. A taxa de mutação do ADN está inversamente correlacionada com o tamanho do genoma. Por conseguinte, o ADN nuclear apresenta taxas de mutação relativamente mais lentas do que o ADNmt. Consequentemente, seria necessária uma sequência de nucleótidos muito mais longa para que o ADN nuclear servisse efetivamente como código de barras capaz de distinguir espécies, ao contrário da sequência comparativamente mais curta necessária no caso do ADNmt. No entanto, no caso das plantas, o ADN mitocondrial

(ADNmt) apresenta baixas taxas de substituição e sofre rápidas alterações no conteúdo e na estrutura dos genes. Consequentemente, esta região é considerada inadequada para efeitos de código de barras de ADN. Assim, o código de barras das plantas utiliza normalmente regiões do ADN dos cloroplastos, como as regiões rbcL, matK e trnH-psbA, devido às suas taxas relativamente elevadas de variação da sequência e à facilidade de amplificação. O desenvolvimento de protocolos e bases de dados normalizados, como o Barcode of Life Data Systems (BOLD), facilitou a aplicação do código de barras de plantas em vários domínios, incluindo a avaliação da biodiversidade, a conservação e a autenticação de medicamentos à base de plantas.

Foram criadas numerosas organizações internacionais, incluindo o Consortium for the Barcode of Life (CBOL) e o Barcode of Life Data Systems (BOLD), com o objetivo de defender e promover o código de barras de ADN como norma universal para a identificação de espécies. Estas organizações desempenham um papel fundamental no avanço da investigação, facilitando a colaboração e promovendo a adoção generalizada do código de barras de ADN em diversas disciplinas científicas e regiões geográficas.

O Consórcio para o Código de Barras da Vida (CBOL), por exemplo, é uma iniciativa internacional dedicada ao avanço do código de barras de ADN como norma universal para a identificação de espécies. Criado em maio de 2004 com o apoio da Alfred P. Sloan Foundation, o CBOL conta com a participação de mais de 130 organizações em mais de 40 países. O Secretariado do CBOL está sediado no Museu Nacional de História Natural, Smithsonian Institution, localizado em Washington, DC.

O CBOL promove ativamente o código de barras de DNA através de uma variedade de canais, incluindo oficinas, grupos de trabalho, conferências internacionais e reuniões de divulgação realizadas em países em desenvolvimento. Essas iniciativas visam aumentar a conscientização sobre o código de barras e promover a colaboração entre cientistas e partes interessadas em todo o mundo. Além disso, o CBOL facilita reuniões de planejamento para projetos de código de barras e produz materiais de divulgação para disseminar informações sobre os benefícios e aplicações do código de barras de DNA. Um marco significativo alcançado pelo CBOL é o desenvolvimento de uma norma de dados para o código de barras de ADN, que foi aprovada pelos principais repositórios, como o GenBank, o Instituto Europeu de Bioinformática e o Banco de Dados de ADN do Japão. Esta normalização melhora a interoperabilidade e a acessibilidade dos dados de códigos de barras de ADN, facilitando a sua integração em esforços mais alargados de investigação científica e conservação.

Os esforços de divulgação do CBOL vão além da comunidade científica para envolver agências governamentais e organizações internacionais envolvidas na agricultura, conservação ambiental e gestão da biodiversidade. Ao defender a adoção do código de barras de DNA nesses setores, o CBOL procura demonstrar a utilidade prática do código de barras em vários campos, incluindo o monitoramento de espécies, a regulamentação do comércio (como através da CITES) e práticas agrícolas sustentáveis. Através de sua abordagem multifacetada, o CBOL tem desempenhado um papel fundamental na promoção da aceitação e implementação generalizada do código de barras de DNA como uma ferramenta poderosa para a identificação e conservação de espécies.

Do mesmo modo, o BOLD funciona como um banco de trabalho em linha que apoia a recolha, gestão, análise e aplicação de códigos de barras de ADN. Alojado na Universidade de Guelph, o BOLD fornece aos investigadores uma plataforma abrangente para carregar, armazenar e analisar dados de códigos de barras de ADN, facilitando assim a integração de códigos de barras de ADN em diversos projectos e aplicações de investigação. Através da sua interface de fácil utilização e da extensa base de dados de sequências de códigos de barras de ADN, o BOLD permite aos investigadores aceder a recursos e ferramentas valiosos para a identificação de espécies, investigação taxonómica e monitorização da biodiversidade. O Barcode of Life Data Systems (BOLD) funciona como uma plataforma baseada na Internet que facilita a recolha, organização, análise e aplicação de códigos de barras de ADN. Liderado por Hebert, que é diretor do Instituto de Biodiversidade de Ontário e do Centro Canadiano de Código de Barras de ADN, bem como do Projeto Internacional de Código de Barras da Vida (iBOL), todos sediados na Universidade de Guelph, o BOLD está também situado nesta instituição. Em conjunto, organizações como o CBOL e o BOLD desempenham um papel fundamental no avanço do domínio do código de barras de ADN, promovendo a colaboração interdisciplinar e melhorando a nossa compreensão da biodiversidade global.

BARCOS DE ADN

O código de barras de ADN envolve a utilização de padrões distintos de sequências de nucleótidos de pequenos fragmentos de ADN, normalmente com 400 a 800 pares de bases de comprimento, para servir de colecções de referência específicas para a identificação de espécimes conhecidos como códigos de barras de ADN. Assim, os códigos de barras de ADN são sequências de ADN curtas e normalizadas utilizadas como identificadores únicos de espécies. Estas sequências, normalmente derivadas de regiões específicas do genoma de um organismo, servem como etiquetas moleculares que podem ser utilizadas para distinguir entre espécies diferentes. Os códigos de barras de ADN são utilizados em vários domínios, incluindo a avaliação da biodiversidade, a identificação de espécies e a biologia da conservação, proporcionando um método rápido e preciso para categorizar e catalogar organismos com base na sua informação genética. Inicialmente, o principal objetivo do código de barras de ADN era criar bibliotecas em linha abrangentes que contivessem sequências de todas as espécies conhecidas. Estas bibliotecas funcionariam então como referências normalizadas com base nas quais os códigos de barras de ADN de quaisquer espécimes identificados ou não identificados poderiam ser comparados e comparados.

As características essenciais de um código de barras de ADN ideal incluem a universalidade, a especificidade, a variação e a facilidade de utilização. A universalidade garante que o fragmento de ADN selecionado pode ser amplificado e sequenciado numa vasta gama de espécies, facilitando a sua aplicação em diversos taxa. A especificidade refere-se à capacidade do código de barras para distinguir com precisão espécies ou indivíduos estreitamente relacionados dentro de uma espécie. A variação é essencial para captar a diversidade genética dentro e entre espécies, permitindo uma diferenciação significativa. Por último, a facilidade de utilização garante que o código de barras de ADN pode ser gerado de forma eficiente e fiável utilizando técnicas laboratoriais normais, permitindo a sua adoção e aplicação generalizadas em vários contextos científicos e práticos. O código de barras deve ter inserções ou supressões limitadas para facilitar o alinhamento das sequências e garantir a uniformidade. Além disso, a sua taxa de mutação deve ser adequada para criar uma "lacuna de código de barras", em que a variação intra-específica mais elevada é menor do que a variação interespecífica mais baixa. O "intervalo de código de barras" refere-se à diferença entre a variação genética máxima encontrada em indivíduos da mesma espécie e a variação genética mínima observada entre indivíduos de espécies diferentes.

Códigos de barras em animais

A subunidade I da citocromo c oxidase mitocondrial (COI) é o marcador de código de barras de ADN predominante para a identificação de animais, devido à sua utilização generalizada e à sua elevada conservação em espécies que dependem da fosforilação oxidativa para o metabolismo. Numerosas investigações sublinharam a eficácia do código de barras de ADN baseado no COI na delimitação de diversas espécies animais, salientando as taxas notáveis de variação das sequências ao nível das espécies e as restrições à divergência intra-específica nas sequências COI. Para a análise de tecidos animais frescos e bem conservados, os peritos recomendam a utilização de um código de barras completo, como uma região de 658 pb do gene COI, uma vez que permite a amplificação e sequenciação por PCR. O desenvolvimento por Folmer de primers "universais" destinados a amplificar o gene COI em invertebrados metazoários revolucionou o processo de código de barras de ADN, permitindo uma análise filogenética e de código de barras rápida e direta. No entanto, a proliferação de estudos sobre códigos de barras resultou numa maior frequência de sequências publicadas incorretamente. Tal deve-se frequentemente à amplificação não intencional de taxa não visados e a uma análise insuficiente das sequências obtidas. Como consequência, algumas sequências depositadas em bases de dados genéticos são incorretamente rotuladas como sendo provenientes de invertebrados quando, na realidade, são sequências bacterianas. Para resolver os constrangimentos associados aos primers Folmer, os investigadores desenvolveram conjuntos de primers alternativos. A partir de 2013, a base de dados Barcode of Life (BOLDSystems) catalogou cerca de 418 primers distintos concebidos para sequências COI de vários taxa. Além disso, alguns cientistas experimentaram baixar significativamente as temperaturas de recozimento dos primers para mitigar problemas de amplificação.

Para além das COI, outros marcadores genéticos, como as regiões 16S rRNA e ITS, têm sido utilizados como códigos de barras de ADN para determinados grupos animais. Estes marcadores são particularmente úteis nos casos em que o COI pode não fornecer uma resolução suficiente, como no caso dos invertebrados ou de espécies estreitamente relacionadas.

No entanto, os tecidos animais são frequentemente processados antes de serem utilizados como medicamentos tradicionais (MT), e certos métodos de processamento como a secagem ao sol, a fritura ou a ebulição podem induzir a degradação do ADN, complicando assim a amplificação por PCR de códigos de barras completos. Como a viabilidade da amplificação melhora com comprimentos de sequência mais curtos, há um interesse crescente em empregar uma abordagem de "minibarcoding", que utiliza regiões abreviadas dentro do código de barras padrão. Investigações recentes indicam que uma gama de minibarcodes pode ser eficientemente amplificada e sequenciada a partir de vários produtos processados, incluindo TMs e alimentos, fornecendo informações de sequência adequadas essenciais para a identificação de espécies. Em determinados trabalhos de investigação, o código de barras de ADN tem servido como uma ferramenta valiosa para descobrir potenciais espécies crípticas, taxa sinónimos ou espécies que possam estar extintas. Além disso, facilitou a correspondência de espécimes adultos com os seus homólogos imaturos. No entanto, a precisão do código de barras de ADN na resolução de grupos taxonómicos superiores não tem sido tão precisa como a sua eficácia ao nível das espécies. No entanto, o código de barras de ADN mostra-se promissor como método de identificação de espécies e tem potencial para se tornar uma ferramenta padrão amplamente adoptada no domínio da taxonomia e da investigação da biodiversidade.

Códigos de barras em plantas

O código de barras das plantas envolve a utilização de sequências de ADN de regiões específicas dos genomas das plantas para identificar e classificar as espécies vegetais. Esta abordagem fornece um método rápido e exato para distinguir entre diferentes taxa de plantas, ultrapassando os desafios associados à identificação tradicional baseada na morfologia, especialmente em casos de espécies crípticas ou de taxa morfologicamente semelhantes.

Nas plantas, o ADN mitocondrial (ADNmt) regista baixas taxas de substituição. Por conseguinte, esta região é considerada inadequada para aplicações de códigos de barras de ADN. Reconhecendo as limitações do mtDNA nas plantas, o grupo de trabalho do Consortium for the Barcode of Life Plant (CBOL) propôs uma abordagem alternativa. Recomendaram a utilização de sete regiões genómicas do cloroplasto para a identificação de espécies em todo o reino vegetal. Estas regiões compreendem quatro segmentos de genes codificantes (matK, rbcL, rpoB e rpoC1) e três espaçadores não codificantes (atpF-atpH, psbA-trnH e psbK-psbI). Ao centrar-se no ADN do cloroplasto, que apresenta taxas de substituição mais elevadas e maior estabilidade no conteúdo e estrutura dos genes do que o ADN mitocondrial, o grupo de trabalho CBOL para as plantas procurou ultrapassar os desafios associados à codificação de ADN das plantas.

Regiões do cloroplasto

As regiões codificantes e não codificantes dos plastídeos, como rbcL, matK e o espaçador intergénico psbA-trnH, são normalmente utilizadas para a codificação de plantas. O gene rbcL codifica a subunidade grande da rubilose-1,5-bisfosfato carboxilase/oxigenase (RUBISCO), uma enzima essencial na fotossíntese. Embora sugerido pelo CBOL como um potencial código de barras para plantas, o rbcL por si só não é particularmente eficaz na discriminação entre espécies, levando muitos grupos de investigação a defender a sua utilização em combinação com outros marcadores.

O gene matK codifica a maturase quinase, que desempenha um papel no splicing dos intrões do tipo II dos transcritos de ARN. Devido à sua rápida taxa evolutiva, alguns grupos recomendam a utilização do matK como código de barras único ou em combinação com outros marcadores. No entanto, foram observadas falhas na amplificação por PCR em algumas espécies, o que representa uma limitação da região matK. Devido à sua elevada discriminação de espécies, universalidade e facilidade de amplificação por PCR, a combinação de rbcL e matK foi aprovada pelo CBOL como o código de barras padrão de dois locus para plantas.

Do mesmo modo, outras regiões do cloroplasto, como rpoB, rpoC1, rpoC2, accD, ycf5 e ndhJ, foram sugeridas por vários grupos de trabalho para a codificação de plantas. Os genes rpoB, rpoC1 e rpoC2 codificam subunidades da RNA polimerase e são normalmente utilizados em estudos filogenéticos devido às suas elevadas taxas de substituição. Embora estes genes apresentem uma elevada universalidade e produzam sequências de alta qualidade, foram rejeitados como códigos de barras únicos pelo grupo de trabalho sobre plantas do CBOL devido à sua baixa capacidade de discriminação de espécies.

O gene accD, que codifica a subunidade β-carboxil transferase da acetil-CoA carboxilase, encontra-se em todas as plantas com flor, mas está completamente ausente nas gramíneas. Evolui cinco vezes mais depressa do que a rbcL nos taxa vegetais e foi proposta como código de barras. O Royal Botanical Gardens, Kew, propôs o gene ycf5, curto e de cópia única, que codifica uma proteína com 313 aminoácidos, como região de código de barras. Embora o ycf5 seja conservado em todas as plantas terrestres, raramente é utilizado devido à sua fraca universalidade e às dificuldades de alinhamento das sequências.

O gene ndhJ codifica uma subunidade da NADH desidrogenase, que está envolvida em processos respiratórios e faz parte de um complexo de genes constituído por 11 genes (ndhA-ndhK). Embora o ndhJ tenha sido testado para estudos de código de barras, está ausente em certas gimnospérmicas, como Pinus, Cuscuta e Gnetales, mas presente noutras gimnospérmicas.

Além disso, foram relatadas dificuldades de amplificação para ndhJ em orquídeas. Embora alguns estudos tenham recomendado o ndhJ como um código de barras suplementar devido à sua alta capacidade de discriminação de espécies em hepáticas, pteridófitas e monocotiledôneas, o CBOL não o aceitou, possivelmente devido à sua ausência em alguns grupos como as coníferas. Além disso, alguns estudos observaram um baixo poder de discriminação para ndhJ.

Espaçadores intergénicos como psbA-trnH, atpF-atpH e psbK-psbI são também utilizados como códigos de barras de plantas. Devido ao seu elevado poder de discriminação de espécies, o espaçador psbA-trnH é amplamente utilizado na codificação de DNA de plantas. O tamanho do genoma de psbA-trnH varia entre aproximadamente 300 pb e 1000 pb, o que pode ocasionalmente causar problemas com a sequenciação bidirecional. Esta região é frequentemente combinada com rbcL e matK para melhorar a discriminação das espécies.

O espaçador intergénico atpF-atpH codifica as subunidades da ATP sintase CFO I e CFO III, respetivamente. Embora este espaçador amplifique facilmente, o alinhamento das sequências pode ser difícil devido a variações de comprimento, levando o CBOL a recomendá-lo apenas como um locus suplementar. Os genes psbK e psbI codificam dois polipeptídeos de baixa massa molecular, K e I, respetivamente, do fotossistema II. Ao contrário de atpF-atpH, psbK-psbI apresenta um alinhamento de sequência simples e amplificação por PCR. No entanto, devido a dificuldades na obtenção de sequências bidireccionais inequívocas, é também considerado um código de barras suplementar pelo CBOL, apesar do seu elevado poder de discriminação de espécies.

Além disso, o locus trnL (UAA) - trnF (GAA), embora não recomendado pelo CBOL, foi sugerido como código de barras por alguns investigadores. Este locus é vantajoso devido à sua estrutura secundária, que inclui a alternância de regiões conservadas e variáveis, e à sua utilidade em tecidos altamente degradados. Esta caraterística torna o trnL (UAA) - trnF (GAA) particularmente útil em estudos de código de barras envolvendo amostras degradadas.

Devido à variação limitada do ADN dos plastídeos, são frequentemente seleccionadas várias regiões como códigos de barras, utilizando uma abordagem em camadas. Foi proposta a utilização de rpoC1, rpoB e matK, bem como a combinação de rpoC1, matK e psbA-trnH, como marcadores eficazes para o código de barras de plantas terrestres. Em vez de se limitar a acrescentar mais loci para aumentar o número de regiões, foi sugerida uma estratégia escalonada. Esta estratégia implica a utilização de uma região codificadora de primeiro nível, comum a todas as plantas terrestres, e de um segundo nível de regiões não codificadoras, a fim de fornecer dados ao nível da espécie. As abordagens multigénicas tornaram-se uma prática corrente em muitas espécies vegetais.

Região nuclear

O cistrão do ADN ribossómico nuclear (ADNr) constitui uma família multigénica responsável pela codificação do núcleo de ácido nucleico dos ribossomas. Esta família evolui de forma concertada, resultando num elevado grau de homogeneidade de sequência entre as cópias de rDNA de uma espécie, embora apresente diferenças significativas entre espécies. Esta caraterística confere ao rDNA as qualidades de um código de barras de ADN ideal.

As regiões ITS (Internal Transcribed Spacer) do rDNA demonstram um poder discriminatório superior ao das regiões plastidiais, especialmente a níveis taxonómicos inferiores. As regiões ITS1 e ITS2 podem ser amplificadas separadamente utilizando iniciadores ancorados em regiões conservadas. Este facto facilita a amplificação destas regiões mesmo a partir de amostras de ADN degradado, tornando as ITS particularmente úteis para a identificação de espécies.

Apesar da sua utilidade, as regiões ITS podem apresentar variações intra-individuais. Estas variações podem surgir devido a eventos recentes de hibridação, seleção de linhagens, recombinação entre cópias, elevadas taxas de mutação e formação de pseudogénios nos cistrões. No entanto, a região ITS ribossómica nuclear (nrITS) continua a ser considerada um forte candidato para a codificação de plantas devido às suas múltiplas cópias em cada célula, à disponibilidade de iniciadores universais, à sua elevada universalidade e ao seu bom poder de discriminação de espécies.

A aplicação dos nrITS na identificação de plantas tem sido particularmente bem sucedida na identificação de plantas medicinais e dos seus parentes próximos. Este sucesso realça a utilidade e fiabilidade do nrITS na distinção de espécies de plantas estreitamente relacionadas, tornando-o uma ferramenta inestimável no domínio da codificação de barras de plantas.

Regiões nucleares com poucas cópias

A lenta taxa de evolução do ADN dos cloroplastos (ADNc) e a evolução incompleta e concertada do ADN ribossómico nuclear (ADNr) evidenciaram a necessidade de marcadores adicionais para a identificação de espécies. Estudos demonstraram que os dados relativos aos plastídeos muitas vezes não conseguem definir com exatidão os limites das espécies em grupos como salgueiros, batatas silvestres, carex e briófitas. Este problema deve-se frequentemente a factores como a hibridação generalizada, a introgressão ou a classificação incompleta das linhagens.

Dado que os genes nucleares de baixa cópia evoluem significativamente mais depressa do que o genoma plastidial e são comuns em linhagens que se diversificam rapidamente, estes genes estão agora a ser considerados como potenciais códigos de barras para a discriminação de espécies. A investigação mostrou que as regiões nucleares de baixa cópia podem servir como códigos de barras de ADN eficazes, como demonstrado em grupos de plantas como *Clermontia* (Campanulaceae) e *Cyrtandra* (Gesneriaceae), onde as regiões plastidiais apresentam uma taxa de evolução lenta. Esta abordagem oferece uma alternativa promissora para a distinção de espécies nos casos em que os marcadores plastídicos tradicionais são insuficientes. Apesar de ser uma região genética nuclear de baixa cópia, RPB2 provou ser um código de barras eficaz para distinguir espécies de Calamus. RPB2, uma região de genes nucleares de baixa cópia, ganhou importância no domínio da codificação de DNA de plantas devido à sua eficácia na delimitação de espécies. Ao contrário das regiões plastidiais, que têm frequentemente taxas de evolução lentas, a RPB2 evolui mais rapidamente, o que a torna uma ferramenta valiosa para distinguir espécies estreitamente relacionadas. Esta região génica demonstrou a sua utilidade na identificação precisa de espécies dentro do género Calamus e mostra potencial para aplicação noutros géneros da família das palmeiras. A maior resolução fornecida pelo RPB2 ajuda a superar os desafios associados à hibridização, introgressão e classificação incompleta de linhagens, que podem obscurecer os limites das espécies quando se confia apenas em marcadores de plastídeos ou nrDNA. Assim, o

RPB2 representa uma adição promissora ao conjunto de marcadores genéticos utilizados para a identificação precisa e fiável de espécies em plantas de evolução lenta. Também é promissor como um código de barras prospetivo para outros géneros de palmeiras.

AVANÇOS NO CÓDIGO DE BARRAS DO DNA

O futuro do código de barras de ADN oferece possibilidades interessantes de novos avanços. Com os desenvolvimentos em curso nas tecnologias de sequenciação, como a sequenciação de nova geração e a sequenciação por nanoporos, é provável que o custo e o tempo necessários para a sequenciação de ADN continuem a diminuir. Tal permitirá a geração de grandes quantidades de dados de sequências de diversos organismos, facilitando a identificação exaustiva de espécies e a exploração da biodiversidade à escala global.

Embora os códigos de barras universais de ADN não sejam completamente eficientes na identificação de espécies em toda a árvore da vida, os investigadores adoptaram o código de barras de ADN como uma ferramenta valiosa nos seus domínios, levando à introdução de numerosas novas regiões de códigos de barras. Um avanço significativo é a utilização de sequências completas do genoma dos plastídeos como códigos de barras de ADN. A diminuição dos custos e o aumento das capacidades das tecnologias de sequenciação de nova geração tornaram mais viável a sequenciação de plastomas completos. Uma vez que os haplótipos dos plastídeos muitas vezes não se alinham perfeitamente com os limites das espécies, a sequenciação de todo o genoma dos plastídeos pode fornecer resultados de códigos de barras mais claros e definitivos. A evolução das tecnologias de sequenciação de nova geração permitirá eventualmente a aquisição de grandes quantidades de dados de sequenciação de numerosos indivíduos, resolvendo potencialmente os problemas associados aos genes de cópia única. Esta abordagem abrangente poderia permitir a delimitação mais completa possível das fronteiras das espécies utilizando dados genéticos.

Além disso, o aparecimento de minicódigos de barras, que são sequências de

ADN mais curtas, oferece uma abordagem mais económica e eficiente do código de barras de ADN, especialmente para a identificação de espécies em grande escala. O código de barras de ADN tradicional utiliza normalmente um segmento de ADN de 650 pb do gene mitocondrial COI para a identificação de espécies em grupos de animais, enquanto fragmentos de tamanho semelhante de genes de cloroplastos são sugeridos como marcadores de códigos de barras para plantas. Embora a amplificação por PCR e a sequenciação deste fragmento de 650 pb seja geralmente fiável em espécimes recém-colhidos e bem preservados, a obtenção de um código de barras completo pode ser um desafio em espécimes de museu mais antigos ou preservados em substâncias que não são favoráveis ao ADN, como a formalina. Esta limitação também se aplica a materiais biológicos processados, como produtos alimentares, farmacêuticos e nutracêuticos, o que dificulta a autenticação e os testes eficazes baseados no ADN. Para resolver este problema, foram recuperadas com sucesso sequências de ADN mais curtas, conhecidas como mini-barcodes, e demonstrou-se que identificam eficazmente a maioria dos espécimes ao nível da espécie. Além disso, estas regiões curtas de ADN podem ser processadas utilizando plataformas de sequenciação de elevado rendimento, oferecendo uma abordagem económica e abrangente para a identificação de espécies em grande escala. Os primers universais normalizados tornam os mini-barcodes altamente acessíveis, permitindo aos investigadores analisar rapidamente amostras de ADN e identificar espécies com maior precisão. A combinação das propriedades dos mini-barcodes e a disponibilidade de primers universais estandardizados tornam-nos uma opção viável para a análise de códigos de barras de ADN em amostras de museus, bem como em diagnósticos aplicados e análises de biodiversidade ambiental.

Com o avanço das tecnologias de sequenciamento de alto rendimento, a obtenção de genomas completos de cloroplastos tornou-se mais acessível em grande escala e a custos reduzidos. Isto estimulou estudos sobre análises sistemáticas utilizando genomas de cloroplastos em géneros de plantas como *Epimedium, Paris* e *Sanguisorba.* Devido ao poder discriminatório limitado dos marcadores moleculares convencionais em plantas e nas suas espécies estreitamente relacionadas, os investigadores sugeriram a utilização de todo o genoma do cloroplasto como um super código de barras para distinguir entre espécies estreitamente relacionadas. Em comparação com os códigos de barras de ADN específicos do género habitualmente utilizados, o genoma do cloroplasto apresenta uma maior variação, o que conduz a uma resolução significativamente melhorada nas análises filogenéticas. Consequentemente, o genoma do cloroplasto tem encontrado aplicações generalizadas em estudos filogenéticos, análises de populações de plantas e identificação de plantas. As árvores filogenéticas construídas com base em genomas completos de cloroplastos tendem a ter taxas de suporte e poder de discriminação mais elevados. Por conseguinte, alguns investigadores propuseram a utilização do genoma completo dos cloroplastos como um super código de barras para identificar com precisão espécies de plantas estreitamente relacionadas.

Embora o supercódigo de barras esteja a ganhar força, um desafio significativo consiste em equilibrar o custo elevado com a quantidade de sequências do genoma cp disponíveis nas bases de dados, especialmente quando as amostras repetidas são escassas. Consequentemente, a utilização de supercódigos de barras pode nem sempre ser aconselhável, especialmente quando os códigos de barras de ADN normalmente utilizados podem cumprir adequadamente o objetivo de identificação. Por conseguinte, são frequentemente desenvolvidos e utilizados códigos de barras específicos na identificação de plantas quando os códigos de barras padrão não fornecem uma autenticação exacta e os supercódigos de barras são considerados excessivos para as necessidades de determinadas experiências, particularmente no âmbito de grupos taxonómicos específicos. No entanto, as vantagens dos supercódigos de barras são evidentes em situações em que os códigos de barras de ADN tradicionais têm dificuldade em obter uma identificação precisa das espécies a níveis taxonómicos inferiores.

Embora os estudos iniciais tenham demonstrado o potencial do supercódigo de barras, há indícios de que o supercódigo de barras nem sempre permite a identificação de todas as espécies vegetais. Por conseguinte, alguns investigadores voltaram a concentrar-se nos genes nucleares. Uma combinação do genoma plasmático e do rDNA tem vindo a ser gradualmente aceite na identificação de espécies, com o genoma a servir de código de barras universal alargado. No entanto, as análises anteriores foram realizadas ao nível genómico. Foram utilizados genomas cp completos e 6 k bases de ADN ribossómico nuclear como "ultra-código de barras" para diferenciar espécies de cacau, incluindo vários indivíduos de T. cacao e um indivíduo de T. grandiflorum. Os seus resultados sublinharam que o ultra-barcoding é uma abordagem viável para distinguir com precisão variedades e mesmo indivíduos de diferentes genótipos dentro do cacau. A desnatação do genoma, baseada na sequenciação shotgun de baixa cobertura do ADN total, pode obter sequências completas do genoma plastidial, eliminando assim a necessidade de obter sequências completas do genoma cp, tal como exigido pela supercodificação tradicional. Foi efectuada a desnatação do genoma para obter genomas plastidiais quase completos e rDNA para espécies de Rhododendron utilizando um grande número de amostras. Compararam o sucesso da discriminação com o dos códigos de barras de ADN multi-lócus e atribuíram o aumento notável do poder discriminatório aos dados extensivos do genoma plastidial.

A codificação de barras baseada no pangenoma representa uma abordagem inovadora na codificação de barras de ADN que aproveita o conceito de pangenoma, que engloba todo o repertório genómico de uma espécie, incluindo os genes principais partilhados por todos os indivíduos e os genes acessórios presentes apenas num subconjunto de indivíduos. Ao contrário dos métodos tradicionais de código de barras que se concentram num único gene ou num pequeno conjunto de genes, o código de barras baseado no pangenoma considera toda a diversidade genómica de uma espécie. Uma das principais vantagens do código de barras baseado no pangenoma é a sua capacidade de captar a variabilidade genética presente nas espécies de forma mais abrangente. Ao incorporar informações de genes principais e acessórios, o código de barras baseado no pangenoma pode proporcionar uma identificação mais robusta e exacta das espécies, particularmente nos casos em que os códigos de barras tradicionais podem não conseguir diferenciar taxa estreitamente relacionados.

Além disso, o código de barras baseado no pangenoma tem o potencial de revelar novos marcadores genéticos que podem ser ignorados pelos métodos tradicionais de código de barras. Ao explorar toda a paisagem genómica de uma espécie, os investigadores podem identificar regiões genómicas únicas que apresentam níveis elevados de variabilidade e que podem servir como códigos de barras informativos para a identificação de espécies.

Além disso, o conceito de super códigos de barras, baseado em sequências de plastídeos completos, código de barras do pangenoma, é promissor para a discriminação entre espécies estreitamente relacionadas. À medida que as tecnologias de sequenciação avançam, a sequenciação de todo o genoma e os super códigos de barras podem tornar-se cada vez mais viáveis e podem emergir como a escolha preferida para a identificação de plantas.

Em geral, espera-se que os futuros avanços no código de barras de ADN revolucionem a nossa compreensão da biodiversidade, melhorem os esforços de identificação de espécies e apoiem vários domínios, como a biologia da conservação, a ecologia e a ciência forense.

METODOLOGIA DE CÓDIGO DE BARRAS DE DNA

A metodologia para o código de barras de ADN é simples, sendo o processo largamente semelhante tanto para plantas como para animais, exceto no que diz respeito às diferenças nas técnicas de isolamento do ADN e aos iniciadores específicos utilizados.

Uma vez selecionado um segmento adequado de ADN para análise, este deve ser extraído da amostra e amplificado através da reação em cadeia da polimerase (PCR), utilizando iniciadores específicos para o código de barras. O segmento amplificado do gene é sequenciado e esta sequência, o "código de barras", é então comparada com os códigos de barras existentes ou com material de espécimes de voucher após depósito no NCBI. A correção da distância genética Kimura2-parameter (K2P) é utilizada para quantificar as divergências de sequência entre indivíduos porque é o modelo mais eficaz quando as distâncias são baixas.

Extração de ADN

A obtenção de ADN com elevado rendimento e qualidade é essencial para o êxito do código de barras de ADN. Para tal, é necessária uma amostragem cuidadosa e uma homogeneização completa, especialmente no caso de tecidos animais com um teor limitado de ADN. O processo de extração de ADN envolve normalmente várias etapas fundamentais, incluindo a lise dos tecidos, a remoção de impurezas e a precipitação do ADN. Existem vários métodos clássicos de extração de ADN de tecidos animais, tais como a extração com Dodecil Sulfato de Sódio (SDS), a extração com tiocianato de guanidínio-fenol-clorofórmio, a purificação com base em matrizes de sílica e a purificação com base em esferas magnéticas. Muitos laboratórios adaptaram estes métodos tradicionais para aumentar a eficiência da extração de ADN. Por exemplo, foi desenvolvido um protocolo económico e fácil de automatizar, utilizando SDS e proteinase K para a lise de tecidos, seguido de purificação à base de sílica, utilizando placas de filtração de fibra de vidro. Além disso, vários destes protocolos foram comercializados em kits, oferecendo soluções normalizadas de extração de ADN para diferentes necessidades de investigação. Dadas as características distintas dos vários tecidos animais, é crucial selecionar métodos de extração adequados ou kits comerciais adaptados ao tipo específico de amostra.

No caso das plantas, o método CTAB é geralmente utilizado e é descrito em pormenor a seguir.

O isolamento do ADN vegetal utilizando o método CTAB (brometo de cetiltrimetil amónio) envolve várias etapas fundamentais para extrair eficazmente o ADN dos tecidos vegetais. Em primeiro lugar, a preparação da amostra é crucial. São recolhidas amostras frescas de tecido vegetal, garantindo que são jovens e saudáveis para uma extração óptima do ADN. É essencial remover qualquer sujidade, detritos ou contaminantes da superfície do tecido vegetal antes de prosseguir com o processo de extração. Em seguida, o tecido vegetal é moído ou homogeneizado para libertar o conteúdo celular, incluindo o ADN. Isto pode ser conseguido triturando o tecido num almofariz e pilão com azoto líquido ou utilizando um homogeneizador para criar um pó fino ou homogeneizado.

O tampão de extração CTAB é então preparado. Este tampão contém normalmente CTAB, um detergente que ajuda a quebrar as membranas celulares e a libertar ADN, juntamente com outros componentes como EDTA e Tris-HCl para evitar a degradação do ADN e ajustar o pH. Uma vez preparado o tampão, o tecido vegetal moído ou homogeneizado é adicionado ao tampão de extração CTAB e a mistura é incubada a uma temperatura elevada (normalmente cerca de 60-65°C). Este passo facilita a lise celular, permitindo que os componentes celulares, incluindo o ADN, sejam libertados para a solução.

Após a lise celular, é adicionada ao lisado uma solução de clorofórmio/álcool isoamílico para separar a fase aquosa que contém ADN das proteínas e outros resíduos celulares. A mistura é então centrifugada para separar as fases, permanecendo o ADN na camada aquosa superior. A fase aquosa contendo ADN é transferida para um novo tubo e adiciona-se isopropanol ou etanol frio para precipitar o ADN. Após a centrifugação, o sedimento de ADN é lavado com etanol frio para remover os contaminantes residuais e, em seguida, seco ao ar ou centrifugado por breves instantes. Finalmente, o sedimento de ADN é suspenso num tampão adequado ou em água destilada para aplicações a jusante. A qualidade e a quantidade do ADN extraído são avaliadas por espetrofotometria ou eletroforese em gel para garantir que é adequado para análises subsequentes, como a amplificação por PCR para códigos de barras de ADN. Em geral, o método CTAB é amplamente utilizado para o isolamento de ADN de plantas devido à sua eficácia na produção de ADN de alta qualidade, adequado para várias aplicações de biologia molecular. Atualmente, estão também disponíveis no mercado vários kits para o isolamento de ADN.

Seleção da região do código de barras

A seleção de uma região de código de barras de ADN adequada é fundamental para a identificação e classificação precisas das espécies, tanto em plantas como em animais. Nos animais, a região mitocondrial do citocromo c oxidase I (COI) é o código de barras mais utilizado devido à sua elevada taxa de variação das sequências, que facilita a discriminação das espécies. Estudos exaustivos demonstraram a capacidade da região COI na taxonomia animal. No entanto, o código de barras COI tem várias limitações. Por exemplo, verificou-se que oferece uma discriminação insuficiente e pouco fiável para algumas espécies das classes Gastropoda e Anthozoa. Este facto levou os investigadores a explorar outros marcadores genéticos, como o citocromo b mitocondrial (Cytb), o 16S rRNA, o 12S rRNA e o espaçador transcrito interno ribossómico nuclear (ITS), para a codificação de animais.

Por exemplo, a região ITS2 pode atingir uma taxa de identificação elevada de 91,7% ao nível da espécie entre 12 221 tipos de animais registados no GenBank e pode diferenciar espécies como os Argasidae, que não são identificados de forma fiável pelo código de barras COI. Os minibarcodes, regiões mais curtas de ADN, são também utilizados, em especial para amostras altamente processadas em que a degradação do ADN é uma preocupação. Embora os minibarcodes tenham geralmente uma taxa de sucesso de amplificação mais elevada do que os códigos de barras completos, a sua eficácia está positivamente correlacionada com o comprimento do código de barras. Por conseguinte, os comprimentos são geralmente mantidos acima de 100 pb. Por exemplo, uma região de 250 pb do 16S rRNA foi amplificada com êxito a partir de várias preparações medicinais e produtos alimentares, permitindo a identificação correcta de espécies animais.

Nas plantas, as regiões de código de barras podem ser seleccionadas a partir de genes do cloroplasto, nucleares ou de baixo número de cópias. A escolha da região do código de barras depende da espécie vegetal específica em estudo. As regiões dos cloroplastos, como rbcL, matK e o espaçador intergénico psbA-trnH, são normalmente utilizadas devido à sua universalidade e poder de discriminação relativamente elevado. No entanto, as regiões nucleares, incluindo as regiões ITS, são também importantes para a codificação de plantas, especialmente no caso de espécies estreitamente relacionadas, em que as regiões cloroplásticas podem não fornecer uma resolução suficiente.

Os códigos de barras de ADN simples podem, por vezes, fornecer uma identificação insuficiente ou falsa de espécies híbridas ou de espécies com elevada diversidade genética. Para resolver este problema, os códigos de barras multilocus, que envolvem a utilização de múltiplas regiões genéticas, podem melhorar a exatidão e a sensibilidade da identificação. As directrizes em matéria de códigos de barras de ADN para a identificação molecular da medicina tradicional chinesa (MTC), incluídas no apêndice da Farmacopeia Chinesa, recomendam a identificação exaustiva dos animais utilizando os códigos de barras COI e ITS2.

A seleção de regiões de códigos de barras adequadas é, portanto, essencial para a identificação exacta e fiável das espécies. Embora o COI continue a ser um código de barras dominante para os animais, as suas limitações exigem a utilização de marcadores adicionais ou abordagens multilocus. Nas plantas, a escolha da região do código de barras deve ser adaptada à espécie e aos requisitos específicos do estudo, garantindo a resolução taxonómica mais exacta possível.

Amplificação por PCR da região do código de barras

A Reação em Cadeia da Polimerase (PCR) é uma técnica fundamental em biologia molecular utilizada para amplificar sequências de ADN específicas. A PCR é uma técnica poderosa e versátil que revolucionou a biologia molecular, permitindo a deteção, clonagem e análise de sequências de ADN específicas a partir de quantidades mínimas de material inicial.

A metodologia da PCR envolve várias etapas fundamentais, cada uma realizada num termociclador que controla com precisão a temperatura em cada fase da reação. Neste caso, esta é utilizada para amplificar os primers específicos utilizados para o código de barras do ADN. No caso dos animais, é utilizado o iniciador do gene CO1. No caso das plantas, são utilizados primers de cloroplastos ou nucleares ou de baixo número de cópias. Os primers universais normalmente utilizados nas plantas são os codificadores matK, rbcL, rpoB e rpoC1, e três espaçadores não codificadores (atpF-atpH, psbA-trnH e psbK-psbI). No caso dos fungos, recomenda-se a utilização das regiões ITS para uma melhor resolução das espécies. A metodologia da PCR inclui a preparação da mistura de reação.

Preparação da mistura de reação:

O primeiro passo na PCR é a preparação da mistura de reação. Esta mistura inclui o ADN molde, que contém a sequência alvo a amplificar; dois primers (primers forward e reverse), sequências curtas de ADN de cadeia simples que são complementares às regiões que flanqueiam a sequência alvo; trifosfatos de desoxinucleósidos (dNTPs), os blocos de construção para a síntese de novas cadeias de ADN; uma enzima de ADN polimerase, normalmente a Taq polimerase, que é estável ao calor e pode suportar as altas temperaturas utilizadas na PCR; e uma solução tampão que fornece os iões e o pH necessários para a reação. Os iões de magnésio também estão incluídos, uma vez que são cofactores essenciais para a enzima DNA polimerase. As etapas da PCR incluem o seguinte:

1. Desnaturação:

A reação de PCR começa com o passo de desnaturação. A mistura de reação é aquecida a cerca de 94-98°C durante 20-30 segundos. Esta temperatura elevada faz com que o ADN de cadeia dupla se separe em cadeias simples, quebrando as ligações de hidrogénio entre as bases complementares. Este passo é crucial porque permite que os primers acedam aos modelos de ADN de cadeia simples.

2. Recozimento:

Após a desnaturação, a mistura de reação é arrefecida a uma temperatura entre 50-65°C durante 20-40 segundos. Esta temperatura é específica para os primers que estão a ser utilizados e é normalmente alguns graus inferior à sua temperatura de fusão (Tm). Durante o passo de recozimento, os primers ligam-se ou recozem às suas sequências complementares nos modelos de ADN de cadeia simples. A conceção correcta dos iniciadores é essencial para garantir a especificidade e a eficiência da ligação às sequências alvo.

3. Extensão:

O passo final do ciclo de PCR é a extensão ou alongamento, em que a temperatura é aumentada para cerca de 72°C, que é a temperatura óptima para a atividade da Taq polimerase. Durante este passo, a enzima ADN polimerase sintetiza novas cadeias de ADN adicionando dNTPs às extremidades 3' dos primers, estendendo a sequência de ADN na direção da sequência alvo. A duração deste passo depende do comprimento do fragmento de ADN que está a ser amplificado, normalmente 1 minuto por quilobase de ADN.

Andar de bicicleta:

As etapas de desnaturação, recozimento e extensão são repetidas durante 25-35 ciclos. Cada ciclo duplica a quantidade de ADN alvo, conduzindo a uma amplificação exponencial da sequência de ADN específica. O número de ciclos necessários depende da quantidade inicial de ADN modelo e da quantidade desejada de

produto amplificado. Após o último ciclo, é normalmente realizado um passo de extensão final incubando a mistura de reação a 72°C durante 5-10 minutos. Isto assegura que qualquer ADN de cadeia simples remanescente é totalmente estendido e que todas as novas cadeias de ADN são completamente sintetizadas.

Quando a PCR estiver concluída, a mistura de reação é arrefecida a 4°C ou à temperatura ambiente. O ADN amplificado, também conhecido como produto da PCR ou amplicon, pode então ser analisado utilizando várias técnicas, como a eletroforese em gel, que permite a visualização dos fragmentos de ADN para confirmar o sucesso da amplificação.

Sequenciação da região amplificada

A sequenciação de Sanger com didesoxi, um método de sequenciação de ADN tradicional e amplamente utilizado, é capaz de gerar leituras de sequenciação com um comprimento de até 1.000 pares de bases. Este método é particularmente útil para o código de barras de ADN de espécies únicas em pequena escala devido à sua fiabilidade e precisão. No entanto, a natureza de baixo rendimento da sequenciação Sanger limita a sua eficiência em projectos de grande escala, em que é necessário analisar numerosas amostras em simultâneo. Isto torna-a menos adequada para tipos de amostras complexas ou de grande volume, em que podem estar presentes várias espécies.

Em contrapartida, a tecnologia de sequenciação de nova geração (NGS) revoluciona a sequenciação de ADN ao permitir a sequenciação paralela de múltiplos fragmentos de ADN numa única reação. Esta capacidade de alto rendimento acelera significativamente o processo e permite a análise de grandes conjuntos de dados, tornando-a ideal para projectos extensivos de códigos de barras. Uma das primeiras plataformas NGS disponíveis no mercado, a pirosequenciação 454, demonstrou a utilidade desta tecnologia ao analisar eficazmente várias misturas complexas, incluindo amostras ambientais, produtos alimentares e preparações medicinais. A capacidade de lidar eficazmente com amostras mistas faz do NGS uma ferramenta poderosa para estudos de biodiversidade e controlo de qualidade em várias indústrias.

Avanços recentes levaram ao desenvolvimento de vários sequenciadores de bancada concebidos para utilização laboratorial de rotina. Sistemas como o Roche 454 GS Junior, Ion Proton, Illumina MiSeq e MiniSeq tornaram a sequenciação de alto rendimento mais acessível e prática para aplicações quotidianas. Estas plataformas são particularmente úteis para projectos que requerem tempos de execução rápidos e elevada precisão dos dados, alargando ainda mais o âmbito do código de barras do ADN e de outras análises genómicas.

Apesar das numerosas vantagens do NGS, este não está isento de desafios. As plataformas NGS podem produzir erros de sequenciação, o que exige medidas rigorosas de controlo de qualidade. Antes de efetuar a análise de códigos de barras, é crucial realizar a filtragem da qualidade e o corte de leituras brutas para remover quaisquer dados erróneos. Esta etapa garante a fiabilidade dos resultados da sequenciação, o que é essencial para uma identificação exacta das espécies e outras análises a jusante. medida que a tecnologia NGS continua a evoluir, estas medidas de controlo de qualidade tornar-se-ão provavelmente mais refinadas, aumentando ainda mais a precisão e a utilidade do código de barras de ADN em vários domínios científicos e industriais.

Análise de sequências

As sequências brutas foram editadas manualmente utilizando o BioEdit e alinhadas utilizando os parâmetros de alinhamento predefinidos no CLUSTAL X. As sequências refinadas foram confirmadas através do BLASTn (http://blast.ncbi.nlm.nih.gov/Blast.cgi) contra a base de dados de nucleótidos e depositadas no NCBI GenBank. O Basic Local Alignment Search Tool (BLAST) é um algoritmo baseado na semelhança, que faz corresponder a sequência de consulta com as que se encontram em bases de dados de referência e, em seguida, fornece uma pontuação de semelhança de acordo com a parte da consulta alinhada com a referência.

A identificação exacta das espécies depende em grande medida da disponibilidade de dados de sequências de referência armazenados em várias bases de dados públicas. Os principais repositórios incluem o GenBank, BOLD, a Base de Dados de Códigos de Barras de ADN de Materiais Medicinais (MMDBD), a International Nucleotide Sequence Database Collaboration (INSDC) e o Barcode Index Number System (BIN). Estas bases de dados fornecem uma grande quantidade de sequências atribuídas a taxa específicos, o que facilita a análise comparativa das variações genéticas.

O GenBank é uma base de dados amplamente utilizada em estudos de código de barras, que alberga uma extensa coleção de mais de uma base de dados de sequências com uma ampla cobertura taxonómica. A BOLD reuniu mais de dois milhões de sequências COI de aproximadamente 170 000 espécies, o que demonstra o seu alcance abrangente. O INSDC também oferece um registo substancial de dados de sequências Cytb e ITS.

A MMDBD é especializada na informação de códigos de barras de plantas e animais medicinais, abrangendo mais de 1700 espécies listadas em várias farmacopeias, incluindo a Farmacopeia Chinesa e a Farmacopeia Americana de Ervas. Nomeadamente, a MMDBD também fornece informações sobre a sequência de adulterantes e substitutos comuns, o que é crucial para garantir a autenticidade dos materiais medicinais.

Análise de dados

Três análises estatísticas distintas - métodos baseados na distância, na similaridade e na árvore - são utilizadas para avaliar a discriminação de espécies dentro de um género.

No método baseado na distância, as distâncias intra e interespecíficas entre pares são calculadas utilizando o modelo de dois parâmetros de Kimura (K2P). Esta abordagem identifica a região mais eficaz para o código de barras através da análise do intervalo de código de barras, que representa a diferença entre a variabilidade intra-específica e interespecífica.

O método baseado na semelhança envolve a comparação de cada sequência com todas as outras sequências no conjunto de dados alinhados para identificar a correspondência mais próxima, utilizando critérios como a "melhor correspondência" e a "melhor correspondência próxima". Este método corrobora os resultados da análise baseada na distância relativamente à região de código de barras óptima.

O método de construção de árvores gera uma árvore filogenética para representar graficamente as relações entre as sequências. Esta visualização é fundamental para avaliar a capacidade de marcadores específicos para distinguir entre espécies estreitamente relacionadas. A construção de uma árvore filogenética ajuda a identificar amostras desconhecidas e a resolver ambiguidades taxonómicas, fornecendo uma visão clara das relações genéticas dentro do género. São utilizados vários algoritmos de agrupamento hierárquico para construir árvores filogenéticas, incluindo a junção de vizinhos (NJ), a máxima verosimilhança (ML), a máxima parcimónia (MP) e a inferência Bayesiana (BI). A utilização de uma combinação destes algoritmos pode produzir uma identificação mais fiável em comparação com a utilização de um único método. Estão disponíveis várias ferramentas comerciais para a construção e visualização destas árvores, tais como MEGA, PHYLIP e PAUP. Estas ferramentas facilitam a implementação de diferentes algoritmos de agrupamento e ajudam a visualizar as relações filogenéticas resultantes, aumentando a precisão e a fiabilidade da identificação das espécies.

APLICAÇÕES DO CÓDIGO DE BARRAS DO DNA

O código de barras de ADN apresenta, de facto, uma vasta gama de aplicações em diversos domínios. Um domínio crucial em que o código de barras de ADN desempenha um papel significativo é o da preservação dos recursos naturais. Ao identificar com precisão as espécies através do seu ADN, os esforços de conservação podem ser mais bem direccionados para proteger e conservar a biodiversidade, especialmente no caso de espécies em perigo e ameaçadas. Além disso, o código de barras de ADN contribui para a proteção das espécies ameaçadas de extinção, permitindo a identificação de espécimes ilegalmente comercializados ou colhidos, ajudando assim os organismos responsáveis pela aplicação da lei a combater o tráfico de animais selvagens e a caça furtiva.

Na agricultura, o código de barras de ADN é fundamental para o controlo de pragas, permitindo a identificação rápida e precisa de pragas de insectos e agentes patogénicos. Isto facilita a implementação de estratégias de gestão de pragas específicas, minimizando os danos nas culturas e reduzindo a necessidade de pesticidas de largo espetro.

Além disso, o código de barras do ADN é inestimável na identificação de vectores de doenças, como mosquitos e carraças, ajudando na vigilância e no controlo de doenças transmitidas por vectores. Ao identificar as espécies responsáveis pela transmissão de agentes patogénicos, as autoridades de saúde pública podem aplicar medidas de controlo específicas para mitigar a transmissão de doenças.

Na monitorização ambiental, o código de barras do ADN é uma ferramenta poderosa para avaliar a qualidade da água e a saúde dos ecossistemas. Ao analisar a diversidade e a composição dos organismos aquáticos, os cientistas podem avaliar o impacto da poluição e de outros factores de stress ambiental nos ecossistemas aquáticos. No entanto, no âmbito da metodologia dos códigos de barras de ADN, a identificação de espécies pode ser efectuada sem qualquer conhecimento prévio das amostras em investigação. Esta abordagem revela-se particularmente útil para a recuperação de códigos de barras de ADN a partir de amostras ambientais mistas ou para a identificação de espécimes problemáticos com morfologia pouco clara - especialmente nos casos em que o material está danificado ou em que apenas estão disponíveis partes parciais do corpo. Portanto, em tais cenários, o uso de primers universais, como os primers Folmer, continua a ser uma solução viável. No entanto, é importante notar que estes iniciadores podem também coamplificar pseudogénios mitocondriais nucleares (numts) ou sequências "COI-like", bem como microrganismos. Isto pode potencialmente levar a uma sobrestimação da diversidade de espécies e pode afetar os padrões globais de biodiversidade. Foi efectuada uma análise de sequências homólogas de locais de priming obtidas a partir de dados de genomas completos procarióticos e eucarióticos, revelando a presença de sequências de primers Folmer direccionados. Além disso, demonstraram que vários genomas de espécies bacterianas apresentavam uma correspondência mais estreita de nucleótidos para o iniciador inverso, em comparação com a maioria dos animais.

Além disso, o código de barras de ADN desempenha um papel crucial na autenticação de produtos naturais para a saúde e na identificação de plantas medicinais. Ao verificar a identidade botânica dos remédios à base de plantas e das plantas medicinais, os consumidores podem ter a certeza da qualidade e eficácia do produto, ajudando também a evitar a rotulagem incorrecta ou a adulteração de produtos à base de plantas. Em geral, o código de barras de ADN é uma ferramenta versátil e indispensável para uma vasta gama de aplicações, contribuindo para vários domínios, incluindo a conservação da biodiversidade, a agricultura, a saúde pública, a monitorização ambiental e a fitoterapia.

Identificação das espécies

O código de barras de ADN é uma ferramenta crucial para a identificação de espécies, particularmente nos casos em que os métodos tradicionais são impraticáveis. Revela-se especialmente valioso em cenários como a identificação de larvas, em que as características de diagnóstico são escassas, e na ligação entre diferentes fases de vida dos organismos. Além disso, no caso das espécies incluídas nos anexos da CITES, as técnicas de código de barras desempenham um papel vital na monitorização do comércio ilegal, ajudando as autoridades a detetar e prevenir o tráfico de espécies ameaçadas.

A deteção de espécies invasivas é outra área em que o código de barras de ADN demonstra a sua utilidade. Nos pontos de controlo fronteiriço, onde a identificação morfológica rápida e precisa pode não ser viável devido a semelhanças de espécies ou à falta de características de diagnóstico, o código de barras de ADN oferece uma alternativa fiável. Este método permite às autoridades rastrear rapidamente os ecossistemas em busca de espécies invasivas e diferenciar entre espécies invasivas e nativas que podem ser morfologicamente semelhantes, contribuindo significativamente para a gestão das invasões biológicas.

Além disso, o código de barras de ADN facilita a delineação de espécies crípticas, que são espécies geneticamente distintas mas morfologicamente semelhantes. Ao analisar os códigos de barras de ADN, os investigadores podem descobrir uma diversidade de espécies escondida que pode não ser visível apenas através do exame morfológico tradicional. No entanto, o processo de delimitação de espécies crípticas utilizando códigos de barras de

ADN pode ser matizado, uma vez que depende dos métodos analíticos escolhidos. Apesar dos potenciais desafios, o código de barras de ADN fornece informações valiosas sobre a biodiversidade e os limites das espécies, contribuindo para a nossa compreensão do mundo natural.

Medicamentos à base de plantas

O código de barras de ADN surgiu como uma ferramenta potente para a identificação de plantas medicinais, oferecendo um meio para enfrentar os desafios colocados pela adulteração e pelo controlo de qualidade no fabrico de medicamentos à base de plantas. Na nossa recente análise de 366 manuscritos sobre plantas medicinais publicados na última década, verificámos que o código de barras de ADN tem sido amplamente utilizado, com os investigadores a utilizarem várias regiões de códigos de barras para estudar material de plantas medicinais. Nomeadamente, a região ITS2 (Internal Transcribed Spacer 2) ganhou popularidade devido às suas elevadas taxas de discriminação a níveis taxonómicos mais baixos. No entanto, a adoção de uma abordagem de código de barras de ADN multilocus é promissora para uma identificação mais precisa das plantas medicinais.

Apesar do potencial do código de barras do ADN, há limitações que têm de ser abordadas. O consumo crescente de plantas medicinais levou a um aumento da adulteração durante o processo de fabrico, afectando a qualidade e a segurança dos produtos à base de plantas. Práticas pouco éticas como a publicidade enganosa, a substituição de produtos e a contaminação representam graves riscos para a saúde dos consumidores. As agências reguladoras, como a FDA e a CFIA, enfrentam desafios na monitorização adequada dos fabricantes de suplementos alimentares e na aplicação de regulamentos para proteger os consumidores.

Os estudos de investigação química destacaram problemas de controlo de qualidade deficiente e variabilidade no conteúdo de ingredientes activos entre suplementos à base de plantas de diferentes fabricantes. Estudos baseados na tecnologia do ADN identificaram a contaminação de produtos à base de plantas com plantas tóxicas, sublinhando a necessidade de métodos de autenticação robustos. O código de barras de ADN oferece uma abordagem promissora para a autenticação de produtos, proporcionando um meio de detetar a substituição e a contaminação de produtos à base de plantas. Embora possa haver alguns custos associados, o teste de produtos a granel utilizando o código de barras de ADN pode certificar a autenticidade e a qualidade dos produtos à base de plantas, incutindo confiança nos consumidores e promovendo a transparência na indústria das plantas.

Forense

O código de barras de ADN desempenha um papel crucial na ciência forense, particularmente em casos que envolvem a identificação de espécies. Quando amostras desconhecidas de animais ou plantas são descobertas em locais de crime, o código de barras de ADN é utilizado para as identificar, ligando potencialmente as provas a um suspeito e ajudando a obter condenações. Este método é especialmente pertinente em crimes como a caça furtiva, o abate ilegal de espécies em vias de extinção e casos de maus tratos a animais, em que o ADN animal é frequentemente encontrado como prova.

Em casos de crimes relacionados com animais, o código de barras de ADN é uma ferramenta poderosa para os investigadores estabelecerem a identidade das espécies envolvidas, contribuindo para a acusação dos infractores. Por outro lado, quando o ADN de plantas é detectado como vestígio, o código de barras de ADN ajuda a ligar um suspeito a uma cena de crime. Ao analisar os perfis de ADN de amostras de plantas encontradas no local, os cientistas forenses podem recolher informações valiosas que podem ligar indivíduos a actividades criminosas.

Em geral, o código de barras de ADN melhora as capacidades da ciência forense, fornecendo métodos fiáveis para identificar espécies a partir de provas biológicas recolhidas em locais de crime. Quer se trate de ADN de animais ou de plantas, esta tecnologia é um recurso valioso nas investigações forenses, ajudando as agências de aplicação da lei nos seus esforços para resolver crimes e levar os criminosos à justiça.

Foi desenvolvida uma base de dados de códigos de barras de ADN especificamente para espécies comerciais de árvores de madeira, servindo como ferramenta fiável e segura para diferenciar espécies de madeira adulteradas para agências voluntárias de certificação de madeira. Foram utilizados métodos de código de barras de ADN para a identificação de madeiras como Santalum e Dalbergia, o que ajudou a evitar o comércio ilegal destas madeiras.

A exposição a plantas venenosas representa um risco significativo para a saúde, necessitando de uma identificação exacta das espécies para determinar o tratamento adequado. A observação visual das plantas ingeridas é muitas vezes impraticável devido à sua degradação, tornando o código de barras de ADN uma ferramenta molecular inestimável para a identificação das espécies. Estudos demonstraram que o marcador de ADN rbcL pode servir como marcador primário para a identificação de plantas venenosas. Nos casos em que é necessária uma maior resolução, o ITS2 ou o trnH- psbA podem ser utilizados como marcadores secundários. Existem estudos que lançam as bases para o desenvolvimento de um método molecular fiável para identificar espécies venenosas a partir de amostras de vómito em casos de envenenamento, ajudando assim a uma intervenção médica rápida e precisa.

Indústria alimentar

Os aditivos alimentares derivados de plantas ou animais são amplamente utilizados na indústria alimentar como conservantes, antimicrobianos, melhoradores nutricionais e corantes para melhorar os atributos sensoriais, a segurança e a qualidade dos alimentos. À medida que aumenta a procura de alimentos saudáveis por parte dos consumidores, os aditivos naturais são frequentemente utilizados não só como condimentos naturais, mas também pelas suas propriedades medicinais, tais como efeitos anti-hipertensivos, antimicrobianos, antioxidantes, anti-inflamatórios e anticancerígenos. Consequentemente, a utilização de medicamentos à base de plantas como aditivos alimentares ganhou popularidade em todo o mundo devido aos seus benefícios para a saúde. No entanto, a adulteração continua a ser uma preocupação significativa no que respeita aos aditivos alimentares. A rotulagem incorrecta ou a adulteração de produtos alimentares pode levar a graves problemas de saúde, incluindo a contaminação cruzada e reacções alérgicas. Especificamente, a adulteração de produtos à base de carne representa um grande risco para a saúde no que respeita à transmissão de doenças. Além disso, a identificação incorrecta dos ingredientes alimentares pode provocar reacções alérgicas em indivíduos susceptíveis. Assim, a fraude alimentar tornou-se um fator de risco crítico para a segurança alimentar. Por conseguinte, existe uma necessidade crescente de sistemas de autenticação e rastreabilidade para melhorar a segurança alimentar. O ADN mitocondrial oferece uma via promissora para a autenticação de espécies em alimentos e produtos alimentares. Foram desenvolvidos marcadores eficazes de códigos de barras de ADN para identificar com precisão as espécies, o que levou à aprovação de organismos reguladores como a FDA dos EUA para a sua utilização em vários produtos alimentares. A utilização da tecnologia de código de barras de ADN como ferramenta regulamentar permite uma identificação precisa e garante a autenticidade dos produtos alimentares. Ao utilizar o código de barras de ADN, os riscos associados à contaminação microbiológica e toxicológica dos alimentos podem ser atenuados. Em última análise, o código de barras de ADN tem o potencial de se tornar o método padrão de ouro para garantir a autenticidade dos alimentos e detetar fraudes.

Medicina tradicional

Vários animais, incluindo mamíferos, répteis, peixes e anfíbios, que há muito são utilizados como materiais na medicina tradicional (MT), particularmente nos países asiáticos e africanos. Por exemplo, os cornos, as escamas, os músculos e as vesículas biliares de mamíferos selvagens têm sido fontes significativas de ingredientes da MT. No entanto, surgem desafios na distinção entre materiais autênticos e adulterantes, como no caso dos chifres de Saiga tatarica, cuja população tem diminuído rapidamente devido à caça. Para resolver este problema, foram utilizadas técnicas de código de barras de ADN, que permitem a identificação exacta das origens das espécies e a diferenciação entre produtos genuínos e falsificados. Foram aplicados métodos de autenticação semelhantes a outros materiais de TM derivados de mamíferos, incluindo escamas de pangolim e almíscar de veado.

Os répteis, como as cobras, osgas e tartarugas, também desempenham um papel vital na medicina popular tradicional a nível mundial, oferecendo vários benefícios terapêuticos. No entanto, a identificação de répteis medicinais com morfologias semelhantes pode ser um desafio. O código de barras do ADN constitui uma estratégia fiável para distinguir as espécies, tal como demonstrado com serpentes como *Zaocys dhumnades* e *Bungarus multicinctus,* habitualmente utilizadas na MT. Ao utilizar um painel de códigos de barras completos e minibarras, incluindo COI, 12S rRNA, 16S rRNA e Cytb, os investigadores identificaram com êxito espécies específicas de serpentes e diferenciaram produtos autênticos de adulterantes.

Do mesmo modo, o código de barras de ADN tem sido fundamental para autenticar materiais de TM baseados em peixe, como barbatanas de tubarão e cavalos-marinhos, que são frequentemente objeto de sobrepesca e comércio ilegal. Ao utilizar minibarcodes, mesmo em produtos processados, é possível obter uma identificação exacta das espécies, ajudando na conservação de populações de peixes ameaçadas. Por último, os anfíbios, como os sapos e as rãs, são também vulgarmente utilizados na TM, apresentando desafios na autenticação das espécies. As técnicas de código de barras de ADN baseadas nas sequências COI e 16S rRNA revelaram-se eficazes na distinção entre diferentes espécies de rãs e sapos, garantindo a autenticidade dos materiais de TM à base de anfíbios.

O DNA metabarcoding surgiu como uma ferramenta promissora para autenticar espécies rotuladas e detetar taxa não declarados em fórmulas de TM de origem animal. Por exemplo, os estudos que utilizaram a sequenciação do código de barras 16S rRNA e as abordagens de metabarcoding multilocus revelaram discrepâncias entre as espécies marcadas e o conteúdo real em várias preparações de MT. Estas descobertas sublinham o potencial do DNA metabarcoding na farmacovigilância para a auditoria pré e pós-comercialização de produtos de MT. Curiosamente, a codificação do ADN também encontrou aplicação na identificação da composição da dieta a partir de secreções animais, tais como espécies florais de mel, demonstrando a sua versatilidade na análise da biodiversidade. De um modo geral, o DNA metabarcoding é muito promissor como ferramenta robusta para garantir a segurança, a legalidade e a autenticidade dos produtos da TM, bem como para efetuar avaliações da biodiversidade em vários contextos.

CONCLUSÃO

No domínio das ciências biológicas, o código de barras de ADN surgiu como uma ferramenta transformadora, revolucionando vários domínios, desde a conservação da biodiversidade à ciência forense. Através da análise de marcadores genéticos padronizados, o código de barras de ADN permite a identificação rápida e exacta de espécies, respondendo assim a desafios de longa data em taxonomia, ecologia e outros. Esta conclusão abrangente sintetiza os inúmeros avanços e aplicações do código de barras de ADN, destacando o seu significado, limitações e perspectivas futuras.

A evolução da tecnologia de código de barras de ADN tem sido marcada por avanços significativos, impulsionados por inovações em biologia molecular, bioinformática e metodologias de sequenciação. Os primeiros esforços centraram-se na identificação de marcadores genéticos universais, o que levou à seleção de regiões como o gene mitocondrial citocromo c oxidase subunidade I (COI) e o gene do cloroplasto ribulose-1,5-bisfosfato carboxilase/oxigenase (rbcL). Desenvolvimentos posteriores alargaram o repertório de regiões de códigos de barras para incluir marcadores nucleares e abordagens de sequenciação de todo o genoma, oferecendo maior resolução e precisão na identificação de espécies.

O advento das plataformas de sequenciação de elevado rendimento revolucionou o código de barras de ADN, permitindo a análise simultânea de múltiplas amostras e a geração de grandes quantidades de dados de sequenciação. Esta escalabilidade facilitou os estudos de biodiversidade em grande escala, as análises metagenómicas e as investigações forenses, acelerando o ritmo da descoberta e da inovação na investigação do código de barras do ADN. Além disso, os avanços nas ferramentas de bioinformática e nos algoritmos computacionais melhoraram o processamento, o armazenamento e a análise de dados, permitindo aos investigadores extrair conhecimentos significativos de conjuntos de dados genéticos complexos com uma eficiência e precisão sem precedentes.

A versatilidade do código de barras de ADN estende-se a uma vasta gama de disciplinas científicas, cada uma delas beneficiando das suas capacidades e aplicações únicas. Na conservação da biodiversidade, o código de barras de ADN é uma ferramenta poderosa para a identificação de espécies, facilitando a avaliação da riqueza das espécies, da dinâmica das populações e da estrutura das comunidades. Ao catalogar a diversidade genética e detetar espécies crípticas, o código de barras de ADN contribui para a conservação de espécies ameaçadas e para a gestão de espécies invasoras, apoiando a saúde e a resiliência dos ecossistemas.

No domínio da agricultura e da segurança alimentar, o código de barras de ADN desempenha um papel vital na rastreabilidade e autenticação, permitindo a identificação exacta de espécies vegetais e animais em produtos agrícolas e cadeias de abastecimento alimentar. Ao detetar fraudes alimentares, adulterações e rotulagem incorrecta, o código de barras de ADN ajuda a salvaguardar a saúde dos consumidores e a promover a transparência e a integridade na indústria alimentar. Além disso, o código de barras de ADN ajuda a identificar pragas e agentes patogénicos agrícolas, informando sobre estratégias de gestão de pragas e atenuando as perdas de colheitas e os riscos agrícolas.

As ciências forenses representam outro domínio em que o código de barras de ADN tem dado contributos significativos, em especial nas investigações criminais e nos casos forenses. Ao analisar provas de ADN recuperadas de locais de crime, o código de barras de ADN permite a identificação de espécies animais e vegetais, ligando suspeitos a actividades criminosas como a caça furtiva, o tráfico de animais selvagens e os crimes ambientais. Além disso, o código de barras de ADN ajuda na análise de vestígios de provas, facilitando a resolução de casos criminais e a administração da justiça.

Apesar das suas aplicações e avanços generalizados, o código de barras de ADN não está isento de limitações e desafios. Questões como as bases de dados de referência incompletas, a variação genética dentro das espécies e as restrições técnicas colocam obstáculos à adoção e aplicação generalizadas do código de barras de ADN em determinados contextos. Além disso, as considerações éticas, as preocupações com a privacidade e os quadros regulamentares devem ser cuidadosamente abordados para garantir a utilização responsável e ética da tecnologia de código de barras de ADN.

Olhando para o futuro, o futuro do código de barras de ADN é imensamente promissor, impulsionado pelas inovações em curso nas tecnologias de sequenciação, ferramentas bioinformáticas e metodologias analíticas. Os esforços contínuos para expandir as bases de dados de referência, melhorar a cobertura taxonómica e normalizar os protocolos aumentarão a fiabilidade, a precisão e a aplicabilidade do código de barras de ADN em diversas disciplinas científicas. Além disso, as colaborações interdisciplinares, as iniciativas de partilha de dados e os esforços de envolvimento do público promoverão uma maior sensibilização, compreensão e utilização do código de barras de ADN na investigação, educação e elaboração de políticas.

Em conclusão, o código de barras de ADN representa um paradigma transformador nas ciências biológicas, oferecendo conhecimentos sem precedentes sobre a diversidade, distribuição e dinâmica da vida na Terra. Com as suas aplicações de largo espetro, avanços tecnológicos e implicações interdisciplinares, o código de barras de ADN está preparado para revolucionar a nossa compreensão da biodiversidade, informar os esforços de conservação e enfrentar desafios sociais prementes nos próximos anos. À medida que continuamos a desbloquear o potencial do código de barras de ADN, embarcamos numa viagem de descoberta e inovação, guiados pela promessa de um futuro mais sustentável, equitativo e resiliente para as gerações vindouras.

REFERÊNCIAS

Grupo de Trabalho CBOL-Plantas. 2009. Um código de barras de ADN para plantas terrestres. Actas da Academia Nacional de Ciências dos EUA 106: 12794-12797.

Chase, M.W., Soltisn, D.E., Olmstead, R.G., Morgan, D., Les, D.H., Mishler, B. D., Duvall, M.R., Price, R.A., Hills, H.G., Qiu, Y.L., Kron, K.A., Rettig, J.H., Conti, E., Palmer, J.D., Manhart, J.R., Sytsma, K.J., Michaels, H.J., Kress, W.J., Karol, K.G., Clark, W.D., Hedron, M., Gaut, B.S., Jansen, R.K., Kim, K.J., Wimpee, C. E, Smith, J. E, Furnier, G.R., Strauss, S.H., Xiang, Q.Y., Plunkett, G.M., Soltis, RS., Swensen, S.M., Williams, S. E., Gadek, R. A., Quinn, C. J., Eguiarte, L.E., Golenberg, E., Learn, G.H. Jr., Graham, S.W., Barrett, S.C.H., Dayanandan, S. e Albert, V.A. 1993. Phylogenetics of seed plants: an analysis of nucleotide sequences from the plastid gene *rbcL.* Annals of the Missouri Botanical Garden 80: 528-580.

Hebert, P. D. N., Cywinska, A., Ball, S. L. e deWaard, J. R. 2003. Identificação biológica através de códigos de barras de ADN. Proceedings of the Royal Society B: Biological Sciences 270: 313-321.

Hebert, P.D.N., Cywinska, A., Ball, S.L. e deWaard, J.R. 2003. Identificações biológicas através de códigos de barras de ADN. Proc R Soc Lond B Biol Sci 270: 313-321.

Kurian A. 2019. Sistemática molecular de rattans do sul da Índia. Tese de doutoramento, Universidade de Ciência e Tecnologia de Cochin, Kerala, Índia.

Kurian A., S. A. Dev, V.B. Sreekumar, E. M. Muralidharan (2020) A região nuclear de baixa cópia, RPB2 como uma nova região de código de barras de DNA para identificação de espécies no género *Calamus* (Arecaceae). Fisiologia e Biologia Molecular de Plantas, 26: 1875-1887.

Mayr, E. 1969. Principles of systematic zoology. McGraw-Hill, Nova Iorque, NY. 428 p.

Newmaster, S.G., Fazekas, A. e Ragupathy, S. 2006. DNA barcoding in the land plants: evaluation of *rbcL* in a multigene tiered approach. Canadian Journal of Botany 84: 335-341.

Thomas, M.M., Garwood, N.C., Baker, W.J.. 2006. Filogenia molecular do género de palmeiras *Chamaedorea,* com base nos genes nucleares de baixa cópia *PRK* e *RPB2.* Molecular Phylogenetics and Evolution 38(2):398-415.

Vijayan, K. e Tsou, C. 2010. DNA barcoding in plants: taxonomia numa nova perspetiva. Current Science (Bangalore) *99:* 1530-1541.

Wilson, M.A., Gaut, B. e Clegg, M.T. 1990. O DNA do cloroplasto evolui lentamente na família das palmeiras (Arecaceae). Molecular Biology and Evolution 7: 303314.

Wu, L., Wu, M., Cui, N. 2021. Super código de barras de plantas: um estudo de caso sobre a identificação baseada no genoma para espécies de *Fritillaria* estreitamente relacionadas. *Chin Med* 16, 52

Printed by Books on Demand GmbH, Norderstedt / Germany